Rainer Crummenerl

Das will ich wissen
Dinosaurier

Rainer Crummenerl,
geboren 1942, studierte einige Semester Wirtschaftswissenschaften und machte dann eine Ausbildung zum Journalisten. Er arbeitete bei verschiedenen Zeitungen. Seit 1980 schreibt Rainer Crummenerl als freier Autor für Kinder und Erwachsene.

Im Arena Verlag ist von ihm bereits erschienen:
»Das große Buch der Indianer«
»Das will ich wissen: Die Polizei«
»Das will ich wissen: Die Eisenbahn«
»Das will ich wissen: Lastwagen und Sattelschlepper«

Karl-Heinz Höllering
wurde 1944 geboren und machte nach dem Gymnasium eine Lehre zum grafischen Zeichner. Anschließend studierte er an der Höheren Grafischen Fachschule in Stuttgart und an der Berliner Akademie. Heute arbeitet er als Grafik-Designer für Verlage, Spielehersteller und Plattenfirmen. Dies ist das erste Buch, das er für diese Reihe illustriert.

Rainer Crummenerl

Das will ich wissen

Dinosaurier

Mit Bildern von
Karl-Heinz Höllering

Arena

In neuer Rechtschreibung

1. Auflage 2001
Arena Verlag GmbH, Würzburg 2001

Einbandillustration: Karl-Heinz Höllering
Innenillustrationen: Karl-Heinz Höllering und Kasia Sander
Gesamtherstellung: Westermann Druck GmbH, Zwickau
ISBN 3-401-05191-1

Inhalt

Brötchen für den Dino

Am Nachmittag sitzt Lisa vor ihrem Computer. Es ist Samstag, der 1. April. Lisa stöbert im Internet. Neugierig klickt sie auf „Zoologischer Garten“. Da erstarrt sie. Lisa liest nämlich: „Nur heute: Dinosaurier im Zoo!“ Aufgeregt kramt Lisa in ihrem Bücherregal. Dort findet sie eine Zeitschrift. Auf der Titelseite steht: „Dinos: Kann man sie wieder lebendig machen?“
So schnell es geht, läuft Lisa die Treppe

hinunter. „Mama“, sagt sie, „ich muss heute Abend in den Zoo!“ Die Mutter schmunzelt und schlägt die Tageszeitung auf.
„Deswegen, richtig?“ Lisa guckt und sagt ehrfürchtig: „Da steht es also auch drin!“
„Na gut“, sagt die Mutter, „aber sei nicht enttäuscht. Und ich komme natürlich mit.“
„Und Lars?“
„Der auch, wenn er möchte.“
Lisa ruft ihn gleich an. Lars möchte. Eine

Stunde später steht er vor ihrer Haustür. Lars begreift gar nichts.
„Da spinnt wohl jemand! Die Dinos sind doch schon lange tot."
Lisa möchte Lars gleich alles erzählen. Aber sie schweigt lieber, um ihn später zu überraschen. Dann huscht sie in die Küche und holt sich drei große Brötchen.

„Wollen wir nicht unterwegs etwas essen?“, sagt die Mutter. Doch Lisa schüttelt den Kopf. „Dann schmier wenigstens ein bisschen Butter auf die Brötchen!“

Aber Lisa hat sie schon eingepackt. Hoffentlich, denkt sie, hat Lars es nicht gesehen.

Es wird langsam dunkel, als sie mit vielen anderen den Zoo erreichen. Die Leute sind fröhlich und scherzen. Da zeigt Lars nach oben: „Lisa, sieh nur!“

Ein Kopf schaut auf sie herab. Lisa stockt der Atem. Aber es ist nur eine Giraffe, die verwundert die späten Besucher mustert. Die Mutter unterdrückt ein Lachen.

„Kommt nur, bis zur Zoowiese haben wir es noch ein Stückchen.“

Inzwischen ist es finster geworden und viele Menschen sind hier. Plötzlich wird es hell. Zwei riesige Dinos stehen am Rand der Wiese. Sie sind noch einmal so groß wie die Giraffe,

mindestens. Ein Dino reckt seinen langen Hals und knabbert das Laub von den Bäumen.
Lisa macht „ah“ und „oh“.
Dann erst versteht sie.
„Das sind ja nur Film-Dinos“, sagt sie und ist ziemlich enttäuscht.
„Aber so groß wie richtige“, staunt Lars, „bestimmt zwölf Meter.“
„Trotzdem“, mault Lisa, „das ist gemein.“
„April, April“, sagt die Mutter, „ich habe dich gewarnt!“

Da springt ein etwas kleinerer Dino auf die riesige Leinwand. Er hat einen mächtigen Schädel und Zähne so groß wie Dolche. „Auweia“, flüstert Lars tonlos. Lisa sucht die Hand ihrer Mutter. Brüllend fällt der kleine über einen großen Dino her.

Yangchnanosaurus

Brachiosaurus

„Wie schrecklich“, sagt Lisa und ist heilfroh, dass die Echsen nicht wirklich hier sind. Eigentlich möchte sie ihnen nun doch nicht mehr begegnen. Rasch lässt sie die drei Brötchen in einem Papierkorb verschwinden. Später sitzen sie noch bei einer Portion Pommes zusammen.

„Und was haben die Dinos am liebsten gegessen?“, möchte Lisa wissen.

„Brötchen bestimmt nicht“, sagt Lars.

Die Mutter lacht.

„Ich glaube, ihr solltet euch mal richtig mit den Dinos beschäftigen.“

Einige Dinosaurierarten jagten ihre Beute vermutlich zu mehreren. Hier haben die Tyrannosaurier einen jungen Styracosaurus in die Enge getrieben.

Tyrannosaurus-Rex

Die Dinosaurier bevölkern die Erde

Die Dinosaurier lebten im Erdmittelalter, also vor vielen Millionen Jahren. Einige waren riesengroß. Sie hatten endlose Hälse, winzige Köpfe, lange Schwänze und massige Körper. Gemächlich trotteten sie über das Land. Andere huschten klein wie Hühner zwischen ihnen hin und her.
Die unterschiedlichsten Dinosaurier-Arten sind uns heute bekannt. Kein Wunder, dass jeder Mensch seine eigene Vorstellung von einem Dino hat.

Dinosaurier gehören zu den Reptilien wie heute die Schlangen, Schildkröten oder Echsen. Sie hatten eine schuppige Haut und ihre Jungen schlüpften aus hartschaligen Eiern.
Von den Echsen bekamen sie auch ihren Namen. Der Begriff „Dinosaurier“ setzt sich aus den griechischen Wörtern „deinos“ für „schrecklich“ und „saurus“ für „Echse“ zusammen.

Wieso eigentlich „schrecklich“? Vielleicht, weil manche Dinosaurier so riesig waren und gefährlich aussahen.
Dinosaurier lebten nur auf dem Land. Ihre Beine standen senkrecht unter dem Körper. Deshalb konnten sie aufrecht laufen, während alle anderen Reptilien, die wir kennen, über die Erde kriechen. Eigentlich waren die Dinos Laufsaurier. Einige erreichten eine Geschwindigkeit von 60 Kilometern in der Stunde.

Junger Allosaurus

Die ersten Dinosaurier tauchten vor 225 Millionen Jahren auf. Das war im Trias, einem Abschnitt des Erdmittelalters. Damals gab es nur eine riesige Landmasse, die hieß Pangäa. Die Echsen konnten sich auf diesem großen Kontinent überallhin ausbreiten. Später, in der Jurazeit, brach der große Kontinent auseinander und Meere schoben sich zwischen die Landmasse.

Das Klima war warm und feucht. Üppige Pflanzen wuchsen. Die Blütezeit der Dinosaurier begann. In der Kreidezeit, vor 65 Millionen Jahren, ging die Zeit der Dinosaurier zu Ende.

Compsognathus

Das Ende der Dinosaurier

160 Millionen Jahre lang lebten die Dinosaurier auf der Erde. Dann verschwanden sie für alle Zeiten. Das rätselhafte Aussterben der Dinosaurier beschäftigt heute die Forscher in aller Welt. Viele Vermutungen wurden angestellt.

Velociraptor

Am häufigsten ist diese: Ein zehn Kilometer mächtiger Brocken aus dem Weltall stürzte auf die Erde. Der Meteorit löste eine unvorstellbare Flutwelle aus, und riesige Mengen Gesteinsstaub wurden in die Höhe geschleudert.
Jahrelang war der Himmel verdunkelt.
Die Sonnenstrahlen drangen nicht mehr bis zur Erdoberfläche durch und es wurde bitterkalt.
Die Pflanzen verkümmerten. Viele Tierarten fanden keine Nahrung mehr und verhungerten nach und nach.
Die Dinosaurier gehörten zu ihnen.

Die ersten Funde

Noch vor 200 Jahren wusste niemand, dass es Dinosaurier überhaupt gegeben hatte. Da berichtete der englische Arzt Dr. Gideon Mantell von einem Aufsehen erregenden Fund. Seine Frau Mary hatte 1822 einen Stein mit Abdrücken großer Zähne entdeckt. Sie schienen einem riesigen Tier zu gehören. Die Abdrücke ähnelten den Zähnen der südamerikanischen Leguane. So nannte Dr. Mantell das neu entdeckte Reptil „Iguanodon", das heißt „Leguanzahn".

Bald darauf fand man die Überreste weiterer unbekannter Reptilien. Der berühmte englische Forscher Richard Owen erkannte, dass sie alle zu einer eigenen Tiergruppe gehören. 1841 gab er ihr den Namen Dinosaurier. Eine weltweite Suche nach den „schrecklichen Echsen“ begann.

Pflanzenfresser und Raubtiere

Bis heute sind über 500 verschiedene Dinosaurierarten bekannt. Aber nicht alle haben zur gleichen Zeit gelebt. Eine Art bevölkerte vielleicht zwei oder drei Millionen Jahre die Erde, dann hatte sie sich allmählich zu einer neuen Art entwickelt oder starb aus. Auch deshalb kennen wir so viele unterschiedliche Dinosaurier.

Forscher unterteilen die Dinos nach der Form ihres Hüftbeckens in „Echsenbeckensaurier“ und in „Vogelbeckensaurier“. Die gefährlichsten Dinosaurier waren Echsenbeckensaurier. Die Dinos der anderen Gruppe gehörten zu den Pflanzenfressern. Überhaupt waren die meisten Dinosaurier friedliche Pflanzenfresser. Sie ernährten sich von Farnkräutern und Baumfarnen. Diese Dinos waren oft riesengroß und sie hatten winzige Köpfe.

Furcht erregend wirkten die kleineren Raubsaurier mit ihren massigen Schädeln, den scharfen Zähnen und den dolchartigen Krallen. Viele von ihnen jagten auch andere Dinosaurier.

Stegosaurus

Einige Dinosaurier besaßen seltsame Schädel mit Hörnern, Dornen und Helmen. Diese Knochenaufsätze waren bei Kämpfen von großem Nutzen. Andere trugen regelrechte Rüstungen mit Stacheln und Dornen auf dem Rücken. Oft zogen sie sich bis zur Schwanzspitze hin. Die Dornenschwänze waren wirksame Verteidigungswaffen. Sie wuchsen nur den Pflanzenfressern.

Manche Dinosaurier liefen auf zwei, andere auf vier Beinen. Das hing von ihrer Lebensweise ab. Räuberische Dinos packten ihre Beute mit den Händen. Also liefen sie auf den Hinterbeinen. Andere Dinos gingen auf allen vieren. Ihre schweren Körper brauchten vier kräftige Beine. Wieder andere bewegten sich mal auf zwei, mal auf vier Beinen.

Velociraptor

Die Dinosaurier hatten gut entwickelte Sinnesorgane und Gehirne. Sie waren hervorragende Eltern und passten gut auf ihre Jungen auf. Viele von ihnen lebten in großen Herden.

Warum aber haben die Dinos so seltsame Namen? Es sind ihre wissenschaftlichen Bezeichnungen. Sie stammen von lateinischen oder griechischen Wörtern ab. Häufig beschreiben sie die typischen Eigenschaften der Dinosaurierart.

Hadrosaurus

Dinosaurier-Galerie

Rund 200 Dinosaurier-Arten sind den Forschern gut bekannt. Zehn der interessantesten kannst du hier kennen lernen.
Einer der ältesten Saurier war Coelophysis. Er lebte vor 210 Millionen Jahren und war ein drei Meter langer schlanker Jäger.

Brachiosaurus war riesengroß. Er war 22,5 Meter lang und wog so viel wie zwölf Elefanten. Der Pflanzenfresser lebte vor 150 Millionen Jahren.

Aufrecht stehende Knochenplatten zierten den Rücken des Stegosaurus. Der Pflanzenfresser war sieben Meter lang und hatte ein winziges Gehirn. Er lebte vor 150 Millionen Jahren.

Vor allem von Fischen ernährte sich Baryonyx. Das neun Meter lange Tier hatte riesige Daumenkrallen und 128 Zähne. Es lebte vor 120 Millionen Jahren.

Ein Raubdinosaurier war Deinonychus. Das bedeutet die „schreckliche Kralle“. Er hatte 70 messerscharfe Zähne und gefährliche Krallen an den Füßen. Deinonychus lebte vor 110 Millionen Jahren.

Furcht erregend wirkte Styracosaurus auf seine Angreifer. Der Pflanzen fressende Hornsaurier wurde fünf Meter lang. Er lebte vor 80 Millionen Jahren.

Stark gepanzert war der sechs Meter lange, Pflanzen fressende Euoplocephalus. Eine wirksame Waffe war die Knochenkeule am Ende seines Schwanzes. Er lebte vor 75 Millionen Jahren.

Parasaurolophus hatte einen entenähnlichen Schnabel. Er trug einen großen Hohlknochen auf dem Kopf. Der Pflanzenfresser wurde zehn Meter lang. Er lebte vor 70 Millionen Jahren.

Als größter und schwerster Raubsaurier gilt Tyrannosaurus. Der Fleischfresser wurde bis zu 15 Meter lang. Er hatte scharfe Krallen und große Zähne und lebte vor 70 Millionen Jahren.

Spuren rund um die Erde

Woher wissen wir eigentlich so viele Einzelheiten über die urzeitlichen Tiere? Von den Fossilien. Das sind versteinerte Knochen und Fußspuren, auch Schleifspuren von Schwänzen. Vor allem die fossilen Fährten sind sehr aufschlussreich. Sie finden sich in Gestein, das früher einmal Schlamm oder Sand war. Die Fährten verraten, wie sich die Dinos fortbewegten, wie lang ihre Gliedmaßen waren und wie schnell sie liefen.

Die Forscher können sogar ermitteln, was die Dinos gefressen haben. Dazu genügt ihnen ein Klümpchen versteinerten Kots.
Überreste von Dinosauriern hat man auf allen Erdteilen gefunden. Früher geschah das meist zufällig. Heute wissen die Forscher ganz genau, wo sie suchen müssen. Für solche „Dino-Jagden“ braucht man aber trotzdem Glück, Erfahrung und viel Geduld. Verbergen sich die Fossilien in Felswänden, meißelt man sie behutsam aus dem Gestein heraus. Das ist sehr mühsam. Manchmal liegt das Skelett auch in weichem Tonboden. Dann wird die Erde vorsichtig entfernt.

Die Forscher fotografieren ihren Fund und zeichnen eine Lagekarte. Die freigelegten Knochen werden zu ihrem Schutz mit Papier und Gips umhüllt. In gepolsterten Kisten gelangen sie ins Museum oder an eine Universität.

Ein Dinosaurier entsteht

Den fossilen Knochen wird ihr Schutzmantel ausgezogen. Dann werden sie sorgfältig gereinigt. Das kann Monate, mitunter sogar Jahre dauern. Bei ihrer Arbeit benutzen die Forscher Zahnarztbohrer, winzige Presslufthämmer und auch Säuren. Nun müssen die Wissenschaftler herausfinden, wie die Knochen miteinander verbunden waren. Das ist so, als müsste man ein Puzzle ohne Vorlage zusammensetzen. Fehlende Teile werden aus Gips oder Kunststoff nachgebildet. Dann wird ein Stahlgerüst gebaut. Es soll das Skelett des Dinos tragen. Endlich können die Knochen angebracht werden. Häufig stehen in den Museen auch Dino-Skelette aus Kunststoff. Diese Modelle sind leichter und weniger wertvoll als die Fossilien.
In manchen Naturkundemuseen kann man gleich mehrere lebensgroße Skelette von Dinosauriern bestaunen. Es gibt auch Dino-Modelle mit Muskeln, schuppiger Haut und

Glasaugen. Oft werden sie von Robotern gesteuert. Solche Dinos können den Kopf heben, das Maul aufreißen und sogar brüllen. Sie sind in Zoos, Naturkundemuseen und Wanderausstellungen zu sehen.

Ausgestorben und doch lebendig

Lars ist ziemlich aufgeregt. Im Internet stieß er auf eine interessante Information. Ein Paläontologe hat in Argentinien eine riesige Kralle entdeckt. Sie gehört zu einem bislang unbekannten Raubdinosaurier. Der „Gigantosaurus“ ist drei Meter länger als der mächtige Tyrannosaurus. Aber vielleicht gibt es ja noch größere Raubsaurier? Jedes Jahr werden nämlich durchschnittlich sechs bis sieben neue Dino-Spezies entdeckt!

Aber auch Lisa hatte ein tolles Erlebnis im Internet. Gestern konnte sie einen Dino hören! Forscher haben den seltsamen Schädelaufsatz des Parasaurolophus am Computer nachgestaltet. Beim Versuch im Labor erzeugte der lange Hohlknochen sehr tiefe Töne. Es klang, als würde man in eine Limoflasche hineinblasen. Lisa und Lars sind begeistert. Sie finden, dass die ausgestorbenen Dinos immer lebendiger werden.

Junge Hadrosaurier

Glossar

Argentinien: Staat in Südamerika

Fossilien: versteinerte Überreste vorzeitlicher Pflanzen und Tiere

Jurazeit: mittlerer Abschnitt des Erdmittelalters, vor 193 bis 136 Millionen Jahren

Kreide: letzter Abschnitt des Erdmittelalters, vor 136 bis 65 Millionen Jahren

Leguan: im tropischen Amerika lebende Echse mit gezacktem Rückenkamm

Meteorit: Gesteinsbrocken im All

Paläontologe: Wissenschaftler, der sich mit den Lebewesen vergangener Erdzeitalter beschäftigt

Pangäa: Superkontinent der Urzeit

Reptilien: wechselwarme Wirbeltiere

Roboter: automatisierte Maschine

Skelett: Knochengerüst

Spezies: bestimmte Art von Tieren, Pflanzen oder Kleinstlebewesen

Trias: erster Abschnitt des Erdmittelalters, vor 225 bis 193 Millionen Jahren